JN070513

SORA

SORA WATANABE

Contents

Intro

Hi my name is SORA.
Nice to meet you!

はじめまして、渡辺そらです。

この本をお手に取ってくださっている方の殆どは、きっと私のことを知ってくださっている方だと思います。最近知ってくださった方、あるいは昔から知ってくださっている方かもしれません。これを読んでくださっているのが家族と友人だけでないことを祈ります …。

あらためて、この度は貴重な時間を使ってくださり、ありがとうございます。自分のようなごく普通の人間がこのような機会をいただけたことに未だ実感が湧かず、正直お話をいただいた時から今この瞬間までずっと不安な気持ちに満ちています。22 年間人生を歩んできて、振り返るとそれぞれの選択が教訓となり、ときに救われたりしながら、すべての出来事が大きな分岐点だったのだと感じます。大学に進学し、Instagram を通して私のことを知ってくださった方が沢山いるのは、自分自身全く想像していなかったことですし、はじめから目的を持って発信していたわけでは正直ありません。

今までイベントなどでお会いしたことがある方、お会いしたことはなくてもメッセージを送ってくださる地方や海外に住まれている方、他人に対し時間を費やし見てくださったりメッセージをくださるということは決して容易なことではないですし、活力をもらい励まされているのはいつも私の方で、感謝でいっぱいです。決して当たり前ではありません。勿論それは自分の友人や家族に対しても同じです。この本を通して等身大の自分を自分なりに表現し、何よりも皆さんが楽しんで読んでくださると心から嬉しいです。

渡辺そら

SORA

Thank you for reading.

A message to you
from Sora

Sending you love!

fashion

sora's favorite styles.

sustainable
fashion

what you wear is
how you present yourself to the world.

SORA'S

fashion rules.

安いからという理由で買わない。価値のあるものは 10 年後もその先も使えるし自分も大切に扱うから。セカンドハンドである古着などをうまく取り入れる。サステナビリティという言葉をファッションにおいてもよく耳にするようになりましたが、年代を超えて「循環」される古着を着ることは十分サステナブルであると思います。何よりビンテージのアイテムが可愛くて好きな自分もいます。今回の私服でも小学生の時から使っているアイテムが何個も。正直両親がプレゼントしてくれた当時よりも今の方が可愛さが分かって愛用していたりします …。一昨年、去年、と二回、友人たちと Flea market を開催したのですが自分たちが手放したお洋服たちが誰かの手に渡り、また大切にしてもらえるんだと思えたのもとても嬉しかったです。その後のイベントなどでお会いしたファンの方が身につけてきてくださったり …。そういった喜びもあり、ファッションは自分にとって欠かせないものです。

RULES

mono

simple, cool, and don't forget to
add a little bit of spice

white + black

black jacket & shoes

blue

Today, I feel like
wearing something different.

blue bag & shirt

black

all black is the key!

black is the right hack.
It never goes wack.

brown

casual classy for sports.
discreet glamour for a day off.

gold shoes

brown wards off the frown.

layers

color in layers is good fortune
told by soothsayers

sora's styles

人間誰しも衣服が必要ですし (倫理的にも)「服」と
「人間」は切り離せない関係だと思います。しかしそ
れ以上に、着る服により全く違う気分になれたり新
しい自分に見えたり。もちろん外面的にも、ずっと
大切にしているものを身につけることで安心感があ
ります。

pink x pink

pink is always a good idea

favorite brands

ファッションは自己表現の一つなので他人
の目を気にして自分が着たいものを我慢す
るなどは絶対にしません。その日の自分の気
分やTPOに合わせコーデを組む。それを心
から楽しむことを一番大切に。

01 ISABEL MARANT

02 JIL SANDER

03 VINTAGE

自分の見せたい、見られた
い自分を表現できるのが
ファッションのチカラだと
思います。勉強をする日に
は優等生風プレッピーコー
デだったり、、、。ある種の
コスプレみたいなものです
ね....。(笑)

04 OUR LEGACY

You
Make
My heart Smile

You
So

So
KI

Me

Va

Would

Mine ♡♡

Love

Nas

Love

39

SORA

History

when I was little

How I grew up.

2001 年 2 月 21 日生。神奈川県藤沢市で生まれ育ちました。家から徒歩 5 分ほどで江ノ島の海がある環境だったので毎日のように家族と海に散歩に行っていました。3 歳からピアノを習い始めました。

母がずっとピアノを習っていて、お腹にいる時からよくクラシックを聴いていたようです。小学生の時はピアノのレッスンと付属の桐朋学園の教室に通い楽典を学んでいました。毎日 4 時間ほど練習をしていたので殆ど友人と放課後遊ぶことはなかったのですが、発表会やコンクールで演奏するステージが大好きだったので練習は嫌がりつつ楽しんでいました。私が 5 歳の頃から両親が私のピアノ演奏を撮影した動画を YouTube に UP していました。自分で言うのも恥ずかしいですが、世界中の沢山の方が見てくださったようで、今思うと最先端？先駆けの Youtuber だったのかもしれないです ...。(笑) 今でもチャンネルは残っていて自分で見ると不思議な気分になります。

習い事は、ピアノ、楽典などの教室、バイオリン、バレエ、英語など。アイススケートとスイミング、合気道はすぐやめてしまいました。(笑) 小学校の勉強が出来なさすぎて、受験ではなくただ追いつく目的として友人の通う塾の夏期講習に行きましたが、あまり結果も出ず続きませんでした ...。短期で通っていた生け花の教室がとても楽しかったのでまた始めてみたいです。

Memory at school

Life in Hawaii, and coming back to Japan is like...

小学校を卒業後間もなく家族でハワイへ移住。日本の中学 1 年生から高校 1 年生にあたる 3 年半、ハワイのオアフ島アラモアナに住んでいました。もともと海が大好きでアクティブな父の影響で湘南に住んでいましたが、「ハワイに引っ越すよ~」と父から言われたのは確か卒業の 2 ヶ月ほど前でした。当時から自由人の父の行動にはびっくり。ハワイでのお話は後半もう少し詳しくお話しさせてください。

約 3 年半 (7 年生から 9 年生) をハワイで過ごし、日本に帰国。高校 1 年生の夏に国際科のある公立高校に編入しました。高校 1 年生の夏とはいえ編入学だったことや小学生ぶりに日本の学校に通うことになったので、周りに馴染めるか不安で仕方なかったです。編入試験で母と共に実際に学校に行き、日本語の小論文のようなものを書いたのですが、先生から「……。頑張りましょうね…。」と言われました。相当の文章力だったようです。

私の通った弥栄高校 (現 相模原弥栄高校) は国際科以外に音楽科、美術科、スポーツ科学科、理数科があり単位制の 90 分授業でした。私が過ごした国際科は 8 割以上を女子が占めており、ほぼ女子校状態。駅からも遠く空きコマの時間は隣のスーパーで菓子パンやラーメンを買って学校で食べたり…。校則も他の公立に比べて厳しかったのですが、今でも出会えてよかったと思える友人に出会えた場所なのでこの学校に通えてよかったと思います。

一番の思い出は国際科の修学旅行で行ったカナダ。滞在中の殆どはホームステイをして現地校で友人と会って授業を受けていました。私のホームステイ先ではアスパラ単体が主な食事で心が折れそうになりました。高校 1 年生の時に塾に通い始め、2 年生からは多くの時間をそこで過ごし、3 年に上がる前頃から冬までは殆ど篭って勉強していました。受験期には決して戻りたくないですが、友人たちと毎日朝から晩まで一緒に過ごしたのがとても懐かしく、きっと独りだったら心が折れていたとも思います。早朝にマクドナルドに集合して朝 9 時に塾が開くまで勉強し、朝 9 時から夜 9 時まで自習室で勉強したり授業を受けたり。私は主に TOEFL iBT のスコアを上げる対策の授業を受けていました。

Start a career

university, and new job.

2019 年 4 月に青山学院大学文学部英米文学科に入学しました。同じ高校から
の子が何人かいたものの、新しい環境への不安が大きかったです。大学の入学
式で両親といる時に某女性ファッション誌のライターさんにお声がけいただき、
入学生スナップのようなものに出演させていただいたのが今のキャリアのはじ
まり。高校 3 年生の終わりから大学 4 年生の夏まで、アルバイトとして働かせ
ていただいた MOUSSY での経験が、自分にとってさらに洋服を好きになるきっ
かけだったと思います。人見知りで、フロアではまともに声が通らない私に先
輩方がゼロから親身に接客について教えてくださいました。

私の通う英米文学科では入学前の TOEIC でレベル分けされた IE という、英語
の 4 つの技能を磨く少人数性のクラスがあるのですが、その IE クラスが同じ
だった友人とは今でも仲が良いです。必修の授業以外では他学科の授業で興味
のある講義が多かったので、他学科の授業を取ったりしていました。グローバ
ル製品戦略という授業と、全学科共通で履修出来て、週替わりでファッション
業界で活躍される方が講師として授業をしてくださる感性ビジネスのクラスが
とても興味深く楽しかったです。英米文学科の授業では、グループで演劇をし
たり、自分たちで社会問題をストーリーにして劇にするなど、そういった授業
が好きで選択していました。

Life, Travel

Life in Hawaii, Traveling with family.

Hawaii

my life in Hawaii with my family.

英語を習っていたとはいえ、話せる英語は "Hello", "Good morning", "How are you", "I like to play piano" だけ。9月からの新学期に向けてサマースクールに通い、いきなり現地校へ入学しました。ハワイ大学マノア校の横に位置する Mid-Pacific Institute。幼稚園から高校まで一貫校で 1908年に創設された歴史のある学校でした。ESL のクラスを取りながら通常の授業も受け、英語に慣れていきました。陶芸、ダンス (バレエ、コンテンポラリー、フラなど)、美術、演劇、オーケストラなどアートの分野だけでなくスポーツやテクノロジーなど、中学生から選択授業で自分の興味のある分野を学べるのがとても好きでした。広大な芝で自然豊かな学校でしたが、移動時間はまるで地獄。体育館から頂上にある建物でのオーケストラのクラスまではどう頑張っても間に合わなかったです ...。ハワイでもピアノのレッスンを受けながら、家でも練習をし、コンクールにも出場しました。ハワイ大会で優勝し、アメリカ本土での大会に進むにあたって、母とふたりで 2 週間ほどホームステイしたのもとても思い出深いです。

Life

United States

USA trip, grand canyon, and antelope canyon.

Europe

European Cruise trip.

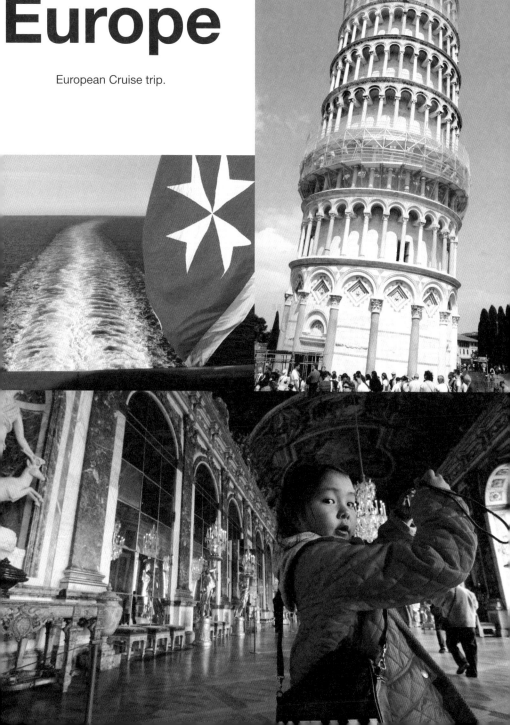

Q&A

Questions to Answers.

Let me answer you.

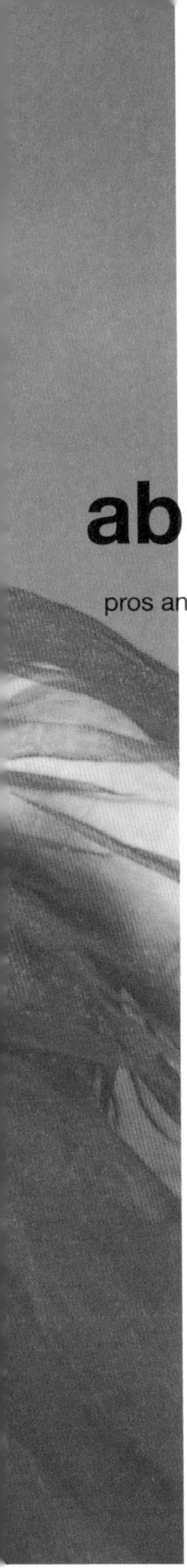

about me

pros and cons. get to know me!

Q.

ずばり長所と短所は？

A.

長所は好きなことに対しての熱意と貫く強さ、
そして常に好奇心を持っているところ。短所は
興味のあること以外に全く手を付けないことと
部屋がすぐ散らかってしまうこと (?)。昔から
自分の興味のあることに対しては時間を忘れて
取り組んだり、これをやってみたいと思ったら
年齢関係なく急に始めてみたり。集中するあま
り他のことが疎かになってしまい、短所となる
ことがあるので、自分自身のタイムマネージメ
ントを上手くできるようになりたいです。

happiness

what is happiness for me?

Q.

そらちゃんにとって「幸せ」とはなんですか?

A.

家族や友人といる時間。音楽を聴いている時間。悩みや不安は尽きなくても自分なりの対処法で向き合えているとき。大好きなサーモンと鰻、お肉、チーズナンを食べている時。小学生のときのお手紙交換などの手紙を見返したり、ファンの方からいただいたお手紙たちを見返しているとき。

Q.

どこからインスピレーションを受けますか？

A.

Street Snap を見たり映画など、雑誌は VOGUE, NYLON, ELLE は必ず読んでいます。街を歩いているお洒落な方だったり、ショップのスタッフさんなど。

Q.

恋愛で譲れないのは？

A.

後の質問で答えている、人とのコミュニケーションで大切にしていることが出来ている人。清潔感。バイアスがなく柔軟な考え方ができる人。怒りの感情を言葉や行動にまかせない人。自分の芯がしっかりある人。家族や友人を大切にする人。ひとり行動ができる人。寄り添ってくれる人。知的な面白さのある人に惹かれます。

Q.

SNS で発信する上で気をつけていることはありますか？

A.

自分らしさを表現できるコンテンツであるソーシャルメディアは、ときに発信するコンテンツや言葉一語一句で与える印象を一変させてしまうと思います。それを常に心がけて、自分が発信するものに責任感を持つようにしています。不特定多数の人が見ていることや、心ないことを言われるかもしれない。そのような不安もいつもありますが、飾らずありのままの自分を表現するようにしています。

take it easy...

Q.

体型維持で気をつけていることは？

A.

家族が健康一家で、食事も徹底して気をつけていたので幼少期太っていたとかはないのですが、(母によると友人の家に行った時に食べたお菓子が物珍しく感動し、遊ぶことよりお菓子に集中していたそうです …。笑)ハワイに住んでいた時は学校のカフェテリアのランチを食べていて、学生証のようなもので好きなものを買っていました。毎日のようにインスタント麺だったりモチコチキンやチップスを食べていました。弟が当時まだベビーカーに乗っていたのですが、家の近くのアラモアナビーチ沿いやカピオラニ公園で、母がランニング用のバギーを引き、その隣で私もほぼ毎日ランニングをしていました。運動神経が悪く体力のない私にとって当時「地獄」で本当に嫌々でしたね。今思うと最高なランニングコースだったと思いますが …。またハワイでは母とホットヨガに通ったりもしていました。

日本に帰国してからは月 5000 円のお小遣いの行き先の殆どは、高校の近くのスーパーでのお菓子などへ。今写真を見返すと顔が常に浮腫んでいるような丸さです。今は、自分でジムに通いながら筋トレと有酸素運動をしています。大学時代に、極端に食事を減らすダイエットも経験しましたが、心身ともに負担が大きかったですし、リバウンドしやすい体になってしまったと思いました。ダイエットというよりもボディメイクを意識してストレスのないよう心がけて生活しています。

friends

what is friends for me?

Q.

友人とはどのような存在ですか？

A.

私にとって友人とは常に心の拠り所のような存在で家族に近いと思います。

家族ぐるみでずっと仲の良い幼馴染、小学生の時の友人、ハワイで出会った友人、高校の友人、塾で受験期を過ごした戦友、大学の友人、バイトで出会った友人、モデルの仕事を通して出会った友人、全員尊敬しています。2歳からの幼馴染は小学生の時に話してくれた「美容師になる」という夢を叶えて今頑張っています。小学生の時の友人も会える回数は多くはないけれど誕生日にプレゼントを届けてくれたり、ハワイで出会った親友は高校卒業後日本に帰国し、今はパリでインターンをしていたり、高校の親友は春から夢を叶えて新生活が始まり、大学の友人たちはみんな夢を叶えて、留学に行っていたり、もう一年やりたいことを探してみる人もいたり。アパレルのバイトを通してできた友人たちも殆どみんなバイトを卒業しているけれど、別々の場所で頑張っています。出会った時期も場所も違うし性格だってみんな違うけれど、全員が常に刺激をくれる存在です。心から尊敬していて本当に本当に大好きです。いる場所も生活スタイルも変化したし、これからもきっと変わっていくと思うけど、会えた時に、変わらずたわいも無いことを話したり昔話で盛り上がったり、近況について話すのが私にとってとても大切な時間です。

people who I love.

relationship

how to communicate with others.

Q.

よく他人と自分を比較してしまうのですがそらさんにはそういう時はありますか?

A.

あります。今まで何度もあるし、今でもあります。誰にでも色んな面で人と比べてしまう時があると思います。私は、ピアノにおいても常に自分が優秀でありたいと思っていて、小学生ながらもどこか他人と比較して頑張っていた時期もありました。決して自分を完璧主義とは思わないですが、気付かぬうちに他人と自分を天秤にかけ比較して、悩まされることが沢山ありました。大学に入って少しづつ仕事をいただけるようになり、人前に出ることが増えたからこそ同世代の人と自分を比較したり。どこかで自信がない人間なんだと思います。

それでも自分のことは一番に自分が好きでいたいし長所も短所も認めた上で好きでいたいと思っています。ボーっとお風呂で入浴剤を入れて目を瞑ったり、ただ音楽を聞いたり、好きなものを無心で食べたり、瞑想したり、自分の機嫌のとり方やリラックスできる方法を探して向き合っていくのが私には合っていたと思います。

Q.

人とのコミュニケーションで大切にしていることは?

A.

どんなに仲の良い友人でも最低限の品と常識と思いやりを持って接すること。例えば、容姿についても自分は褒めているつもりでも、人によってはコンプレックスかもしれない。自分が伝えたい内容が完全に伝わらないことを常に意識しています。人とのコミュニケーションにおいて使う言葉も、自分なりにかなり選んでいます。それは「語彙力」だとか「正しい敬語」を使うとかではなく、誰も不快にならないような言葉選びです。意図せず傷つけてしまったり差別的になってしまったり、決してそのようなことがないように気をつけています。

favorites

in my life

1. family

私にとって家族とは、1番の味方でいてくれる安心できる場所であり幸せでいてほしいと思う存在です。幼い時から興味のあることは何でも挑戦させてくれ、決して勉強ができなくてもやりたいことを頑張ってればいいよと言ってくれていました。異文化に触れるという貴重な移住経験をさせてくれたことも本当に感謝しています。大好きな音楽はもちろん、カメラを好きになったきっかけも旅行の時に両親が握らせてくれたからです。人としての在り方や礼儀だったり最低限のことを教えてくれ、周りに流されず常にやりたいことをやって幸せに生きてくれればいいよといつも言ってくれます。外面（ムキムキ筋肉）内面ともに全く老けず、むしろ若返っているのではと思わせられるくらいの両親は、全てにおいて尊敬していて自慢の親です。

2. camera

カメラ：私物愛用カメラ→デジタル SONY α 6500、
フィルム CONTAX T2, あとは昔のデジカメも最近
使っています。コンパクトで高画質な動画が撮影でき
る、VLOGCAM ZV-1G シューティンググリップキッ
トも購入してみました。サボり気味で全然載せれてい
ない Youtube も今年は頑張りたいです …

3. makeup products

Base makeup

Eye makeup

Lipstick

極力メイクにお金をかけたく無いのであまり挑戦しないの
ですがリップは好きでついつい集めがちです。アイシャド
ウは締め色が似合わないので、基本的に薄いピンクを単色
で薄く手で両瞼に広げています。

4. hairstyles

ここ数年は暗めが気分なので赤みの少ない暗めでお願いしますとざっくりお伝えしています。前髪はワイドバングで巻かなくても良い長さ (眉毛と目の中間の長さ)、モードなスタイルが好きなので普段は直毛のストレートヘアを活かしてコテで巻くことはなくストレートヘアが多いです。まだ挑戦できていないのですが真っ白なハイトーンにも憧れています。

Acne
Studios

future

これから挑戦したいこと

高校時代は受験があったり、大学時代もコロナの影響でほとんど海外に行けなかったので、これからは沢山海外旅行に行きたいです。一番好きな作曲家のショパンの祖国ポーランドにも行きたいし、パリのオペラ座でバレエを観たいし、父が行ったことのあるキューバにも行きたいです。色々な国を旅行して自分の目で見て、文化や空気を肌で感じたいです。また今までピアノはクラシックしか触れてこなかったので、ジャズにも挑戦してみたいです。

卒業後は、大学に入ってから始めさせていただいたモデルの活動を続けながら、自分のやりたいことを一つずつ叶えていきたいです。離れた時もあるものの、生まれ育った土地である湘南に貢献できるような仕事もしてみたいし、英語や大好きな音楽を活かせるような仕事もしてみたい。いつかパリとミラノで大好きなブランドのショーを生で観たい。美容師の幼馴染や写真家を目指している友人、出版社に就職する親友たちと一緒に仕事をしたい。まだまだ書ききれないほど野望があって、きっとこれからも増えていくと思います。いくつになっても好奇心に溢れて挑戦を恐れない自分でいたいです。

また、服が本当に好きなのでいつかは自分の着たいものをゼロから表現し、形にしたいです。今の時代作ろうと思えば誰でも作れるし、利益だけ考えれば品質や生産の背景について目を瞑ることもできると思います。
大学在学中にブランド設立のお話をいただいたことも何度かありましたが、正直当時の自分に大学との両立は厳しいと感じていた為お断りしていました。
作るからには中途半端になってしまわないように、誠意と愛情を込めた物づくりができればと思います。自分で作った服を応援してくださる方に販売するということは、本当に責任感が大きいことです。自信を持って皆さんに愛されるお洋服を発表できる日まで、一生懸命頑張ります。

The future belongs to those who believe in the beauty of their dreams.

Always remember that you are absolutely
unique. Just like everyone else.

Afterword

Thank you so much for reading.
I hope you will like the book.

改めて読んでくださり本当にありがとうございました。どう
感じていただいたか不安ですが、少しでも読んで良かったと
思ってくださっていたらとても嬉しいです。この春からは、
学生という肩書きがなくなり一変する環境に不安とワクワク
で満ち溢れています。これからどんな場所に行けるのか、ど
んな仕事でどんな人と出逢えるのか、自分の大切な人たちが
どんな姿で頑張っているのか、未来がとても楽しみです。

まだまだ至らぬ部分は沢山ありますが、これからも見守って
いただけたら嬉しいです。皆さんにとっても日々が充実して
幸せの溢れるものでありますように。健康第一で過ごしま
しょうね。

渡辺そら

SORA
同世代の人気を集め、Instagramではフォロワー数
10万人超え。活動はアパレルモデルやWEBメディア、
広告出演など。

SORA

2023年6月1日　初版第一刷発行

著　　者　SORA
発 行 元　Jane Publishers（株式会社QUINCCE）
発 行 人　長倉千春
連 絡 先　info@janepublishers.com